Martin Benz

Filterwechsel

Martin Benz

Filterwechsel

Neue Kriterien um alles zu prüfen und das Gute zu behalten

Fromm Verlag

Imprint

Cover image: www.ingimage.com

Publisher:
Fromm Verlag
is a trademark of
International Book Market Service Ltd., member of OmniScriptum Publishing Group
17 Meldrum Street, Beau Bassin 71504, Mauritius

Printed at: see last page
ISBN: 978-620-2-44232-9

Filterwechsel

Neue Kriterien um alles zu prüfen und das Gute zu behalten

Inhalt

Irrlehre

Marcion

Im Jahre 140 n. Chr. findet ein wohlhabender Mann aus Sinope namens Marcion zum Glauben. Er studiert die Schriften des Alten und Neuen Testaments und entwickelt eine Lehre, die besagt, dass der Gott des Alten Testaments keinesfalls der gleiche Gott wie der des Neuen Testaments sein konnte. Das eine ist der Gott des Zorns und der Gerechtigkeit namens Demiurg, und das andere ist der Gott der Liebe. Der Gott des Alten Testaments ist verantwortlich für alles Leid und Böse auf der Welt und der Gott des Neuen Testaments erscheint in Jesus Christus auf dieser Welt. Er wollte das ganze Alte Testament für die Christen abschaffen.

Für die frühe Kirche wurde diese Lehre Marcions zur größten Bedrohung, gerade weil er viele Gemeindeleiter und Bischöfe für sich gewinnen konnte. Viele Jahrhunderte musste die werdende Kirche sich gegen diese Lehre wehren. Tausende frühe Christen folgten dieser falschen Lehre.

Deutsche Christen

Vor nicht einmal 100 Jahren waren viele Christen in Deutschland der Meinung, dass Adolf Hitler ein großes Gnadengeschenk Gottes sei. Unter dem Einfluss des Nationalsozialismus entstand die Lehre, dass das Christentum von allem Jüdischen gereinigt werden musste. Es entstand das "Institut zur Erforschung und Beseitigung des jüdischen Einflusses auf das deutsche kirchliche Leben". Das Institut gab ein um alle hebräischen Bezüge und Worte wie Amen, Hosianna und Halleluja, gekürztes Neues Testament heraus. Jesus, so die zentrale Aussage, sei Arier gewesen. Die Galiläer seien ein arischer Stamm im jüdischen Herrschaftsgebiet gewesen, denen der mosaische Glaube aufgezwungen worden sei. Christus ist demnach nicht Spross und Vollender des Judentums, sondern ihr Todfeind und Überwinder. In manch einer Karfreitagspredigt hörte man: "Wer dieses Volk der Juden nicht hasst, der hasst Christus und sein Kreuz!" Tausende deutscher Christen folgten dieser falschen Lehre!

Meine erste Gemeinde

Die erste Gemeinde, in die ich als Jugendlicher gegangen bin, war ebenfalls geprägt von sonderbaren Lehren. So wurde behauptet, dass die charismatische Bewegung vom Teufel sei. Weil ich öfters eine charismatische Gemeinde besuchte und mich positiv zu dieser Bewegung äußerte, wurde mir unterstellt, ich hätte einen Geist von unten.

Bei Liedern im Gottesdienst zu klatschen galt als unbiblisch.

Lange Haare musste man sich als Frau zusammenbinden, denn sie wirken wie Antennen, die Dämonen anzogen.

Leider hat Glaube und Religion das Potential Menschen zu verführen oder zu Fanatikern zu machen. Und das ist nicht nur ein Phänomen des Christentums. Jede Religion kann Menschen Freiheit, Erlösung, Sinn und Hoffnung anbieten, aber eben auch Intoleranz, Gewalt, Feindseligkeit und Fanatismus auslösen. Wir erleben das gerade bei der islamischen Religion. Da meinen Menschen sie tun Gott einen Gefallen, wenn sie andere Moslems mit ein wenig anderen Überzeugungen während dem Besuch der Moschee in die Luft sprengen oder abknallen. Da meinen islamistische Terroristen Gott zu gefallen, wenn sie vor laufender Kamera Menschen aus dem Westen enthaupten. Diese Fanatiker schrecken nicht davor zurück, im Namen Gottes eine Schule zu überfallen, 300 Mädchen zu rauben und sie Zwangs zu verheiraten! Glaube kann unglaublich fanatisch machen, den gesunden Menschenverstand ausschalten und uns in die Irre führen.

Aber das Christentum hat es nicht viel besser gemacht. Im Mittelalter meinten die Menschen, sie würden Jesus besonders treu nachfolgen, wenn sie Andersgläubige oder selbstbewusste Frauen oder Menschen, die an der Bibel zweifelten auf einem Scheiterhaufen verbrennen würden. Und Päpste und Priester predigten anstatt Nächstenliebe und Feindesliebe Mord und Totschlag und riefen zu Kreuzzügen auf, bei denen im Zeichen des Kreuzes tausende von Menschen niedergemetzelt wurden.

Religion kann verführen. Und darum müssen wir immer wieder überprüfen, ob wir mit unserem Glauben auf dem richtigen Kurs sind oder ob wir erste Anzeichen von Fanatismus und Extremismus zeigen. Man glaubt nicht besonders gut, wenn man besonders radikal oder extrem ist. Großer Glaube zeichnet sich durch große Hingabe und große Liebe aus.

Früher hatten die Menschen keine andere Quelle für ihren Glauben als den Klerus, die Predigten der Priester oder die Texte der Konzilen und der Päpste. Der Klerus war der Filter für den Glauben der Menschen.

Heute haben die Menschen ganz eigenständig Zugang zu unendlich vielen Lehren und christlichen Überzeugungen. Diese sind ungefiltert, ohne dass irgendein Priester dazwischengeschaltet ist. Heute werden jährlich Tausende von Predigten gehalten, auf Blogs werden unzählige von Artikeln veröffentlicht, auf vielen Konferenzen werden ganz unterschiedliche Lehren und Praktiken verbreitet, Seminare erklären uns was Glaube bedeutet, wie eine Ehe funktioniert und wie man Kinder erzieht. Und es vergeht kein Tag, an dem nicht ein neues christliches Buch veröffentlicht wird.

Was hilft einem da, einen gesunden Glauben zu entwickeln und nicht fanatisch oder verleitet oder in die Irre geführt zu werden? Paulus hatte das gleiche Anliegen und er schrieb an die Gemeindeleiter in Ephesus:

Apg.20,28 *Gebt Acht auf euch selbst und auf die ganze Herde, die Gemeinde Gottes, zu deren Leitern euch der Heilige Geist eingesetzt hat. Sorgt für sie als gute Hirten; ... 29 Ich weiß, dass nach meinem Abschied reißende Wölfe bei euch eindringen und erbarmungslos unter der Herde wüten werden. 30 Sogar aus euren eigenen Reihen werden Männer auftreten, die die Wahrheit verdrehen, um die Jünger irrezuführen und auf ihre Seite zu ziehen. 31 Seid also wachsam und denkt daran, dass ich drei Jahre lang unermüdlich, Tag und Nacht, jedem Einzelnen von euch den rechten Weg gewiesen habe, und das oft genug unter Tränen. (NGÜ)*

Ich möchte in diesem Buch über ein paar Filter sprechen, Filter, die uns helfen christliche Lehre beurteilen und unterscheiden zu können. Filter, die uns helfen einen gesunden Glauben zu entwickeln ohne in die Irre zu gehen.

Trinkwasser

Vor einiger Zeit konnte ich an einer Führung der Industriellen Werke Basel teilnehmen. Vor Ort wurde uns erklärt, woher das Basler Trinkwasser kommt und wie es gewonnen wird. Das Ganze geschieht folgendermaßen: Bewaldete Wasserstellen werden periodisch mit filtriertem Rheinwasser überflutet. Auf dem Weg durch das Erdreich wird das Wasser mechanisch und biologisch gereinigt. In einigen Metern Tiefe vermischt es sich mit dem Grundwasser, von wo es mehrere Trinkwasserbrunnen fördert. Um einen ausgewogenen pH-Wert des Trinkwassers einzustellen, werden geringe Mengen Natronlauge zugesetzt. Damit das Trinkwasser auf dem Weg zum Verbraucher nicht verkeimt, wird es anschliessend noch desinfiziert und dann in die Reservoire gepumpt.

Ich möchte dieses Trinkwasser einmal als Bild für die christliche Lehre gebrauchen. Immer wieder werden die Worte Jesu mit lebendigem Wasser verglichen. Der Ausdruck »lebendiges Wasser« meint nicht, dass im Wasser noch irgendetwas lebt, denn dann wäre es wahrscheinlich nicht besonders sauber - es hätte eine Menge Bakterien und Kleintiere -, sondern lebendiges Wasser war der biblische Ausdruck für Trinkwasser. Sauberes Trinkwasser war in antiker Zeit ja ein großes Problem. Woher bekomme ich sauberes Trinkwasser? Und wenn jemand einen Ort mit Trinkwasser entdeckt hat, eine Quelle oder einen Brunnen, dann sprach man von lebendigem Wasser.

Wasser war das allerwichtigste Lebensmittel in der Antike und ist es bis heute geblieben. Die Lehre des Evangeliums, die Worte, die Jesus uns gelehrt hat, werden mit lebendigem Wasser, also mit Trinkwasser, verglichen. Seit Menschengedenken sind wir von trinkbarem Wasser abhängig, um zu überleben. Und genau so ist unser Seelenleben abhängig vom Evangelium, von den Worten und der Lehre Jesu.

Der Weg des Basler Wassers ist ein wunderbares Bild für unser geistliches Leben. Basel lebt vom Grundwasser. Von dort beziehen alle Basler Haushalte ihr Trinkwasser. Wir als Christen leben ebenfalls von unserem Grundwasser. Jeder Christ hat geistliches Grundwasser. Dieses Grundwasser speist sein geistliches Leben. Dieses Grundwasser besteht aus den Worten Jesu, der Lehre der Bibel und dem Evangelium. Jeder Christ ist dafür verantwortlich, einen möglichst hohen Grundwasserspiegel zu haben, denn wir alle wissen um die Wüstenzeiten unseres Lebens. Schwierige Zeiten, herausfordernde Zeiten, Enttäuschungen, ausbleibende Gebetserhörungen, brennende Fragen usw. Wohl dem, der dann einen hohen Grundwasserspiegel in seinem Leben hat und geistlich nicht austrocknet.

Im Propheten Jeremia wird ein ganz ähnliches Bild gebraucht. Dort heißt es: Jer.17, 8 *Die auf dem Herrn vertrauen sind wie Bäume, die am Wasser stehen und ihre Wurzeln zum Bach hin ausstrecken. Sie fürchten nicht die glühende Hitze; ihr Laub bleibt grün und frisch. Selbst wenn der Regen ausbleibt, leiden sie keine Not. Nie hören sie auf, Frucht zu tragen.*

Die Bibel ist voll von diesem Bild des Wassers und wie wir dafür sorgen sollen, am Wasser gepflanzt zu sein. Sonst trocknen wir aus, wenn die glühende Hitze kommt und der Regen ausbleibt. Damit mein Grundwasserspiegel hoch ist, muss ich dasselbe tun wie die Basler:

Das Grundwasser muss gespeist werden. Ich muss meinem Grundwasser Rheinwasser zuführen. Der Rhein ist ein Bild für die vielen Quellen und Ströme christlicher Lehre und christlichen Glaubens. In diesem großen Strom fließen die Lehren der Vergangenheit:

- Wie die Kirchenväter die Bibel verstanden haben
- Was die kirchlichen Konzile festgelegt haben
- Was Martin Luther in der Bibel entdeckt hat
- Was wir an katholischer oder orthodoxer Tradition haben
- Die Lehren des Pietismus usw.

In diesem großen Strom fließen aber auch Lehren der Gegenwart:

- Die Befreiungstheologie
- Das Jesusbild der messianischen Juden
- Die Entdeckungen von Willow Creek
- Das Gemeindeverständnis von Saddleback
- Das Reich-Gottes-Verständnis von Vineyard
- Das Feiertagsverständnis der Adventisten

- Die geistliche Prägung einer STH oder einer theologischen Fakultät der Uni Basel, oder IGW oder ISTL
- Die Predigten von Joyce Meyer
- Die Bücher von Anselm Grün
- Die Podcasts von Andy Stanley
- Die Seminare und Konferenzen von Redding und Bill Johnson
- Prophetien bekannter oder unbekannter Christen usw.

Und wir sind dankbar für diesen großen Strom christlicher Lehre! Wir können daraus schöpfen, es ist ein riesiges Reservoir. Wir müssen unseren Grundwasserspiegel im Blick haben. Christen müssen immer Lernende sein! Wir müssen unsere Wurzeln in den großen geistlichen Rhein strecken, um erfüllt zu bleiben! Wir müssen lesen, hinhören, lernen, Fragen stellen, nachdenken, im Gespräch sein und keinesfalls gleichgültig werden. Nicht deine Gemeinde, nicht dein Pastor oder sonst irgendjemand ist verantwortlich für deinen Grundwasserspiegel. Du selbst trägst die Verantwortung, deine Wurzeln zum Wasser auszustrecken. Du selbst trägst die Verantwortung, dein Grundwasserreservoir zu füllen aus dem großen Strom christlicher Lehre.

Und gleichzeitig geht es darum, nicht nur mein Grundwasserreservoir aufzufüllen, sondern entsprechende Filter einzubauen, damit mein Grundwasser nicht verunreinigt oder sogar vergiftet wird. Nicht alles, was im Rhein schwimmt ist ungefährlich. Das Wasser aus diesem Strom muss gefiltert werden. Beim Basler Wasser sind viele Filter zwischengeschaltet, bevor das Rheinwasser im Grundwasser landet. Grobe Filter und ganz feine Filter. Die Basler Wasserwerke haben sogar ein Becken mit Wasserflöhen, an deren Zustand man blitzschnell erkennen kann, wie es um die Wasserqualität steht.

Auch wir brauchen die richtigen Filter, durch die das Wasser der Lehre hindurch laufen muss, um am Ende sauberes Trinkwasser zu bekommen. Und unsere Filter müssen gut sein, damit sich nicht Giftstoffe in geringer Menge am Ende doch durch das Trinkwasser in unserer Seele anreichern. Leider kann eine Menge gutes Wasser nur durch ein bisschen Gift schädlich werden. Es braucht eben nicht viel Gift, um ganz viel Gutes zu zerstören. Und so gibt es manch subtile Lehre, deren Gift sich in unserer Seele anreichert und unseren Glauben in die Irre führt.

Was mir anhand von diesem Erlebnis mit dem Wasserwerk bewusst wurde, ist ja nichts Neues, sondern biblische Wahrheit. Lehre muss geprüft werden. Sehr bekannt ist die Aussage von Paulus im Thessalonicherbrief:

1.Thess.5,19 *Lasst den Geist Gottes ungehindert wirken! 20 Wenn jemand unter euch in Gottes Auftrag prophetisch redet, so weist ihn nicht ab. 21 Prüft alles, und behaltet das Gute! (HfA)*

Was hier in Bezug auf Prophetien ausgesagt wird, lässt sich aber auch gut als allgemein gültiges Prinzip für christliche Lehre nehmen. Denn gerade am Anfang des Christentums wurde nicht immer klar unterschieden zwischen der Gabe der Prophetie und biblischer Predigt. Beides wurde immer wieder als prophetische Rede bezeichnet. Wir sind hier aufgefordert, Lehre zu prüfen, das Schlechte auszusondern und das Gute zu behalten. Ganz ähnlich formuliert das auch Johannes in seinem Brief:

1.Joh.4, 1 *Liebe Freunde, glaubt nicht jedem, der behauptet, seine Botschaft sei ihm von Gottes Geist eingegeben, sondern prüft, ob das, was er sagt, wirklich von Gott kommt. Denn in dieser Welt verbreiten jetzt zahlreiche Lügenpropheten ihre falschen Lehren. (NGÜ)*

Auch hier finden wir die Aufforderung zu prüfen, um falsche Lehren zu entdecken. Im christlichen Glauben kann man zwischen zwei wichtigen Dingen unterscheiden, nämlich die Unterscheidung zwischen Ethik und Dogmatik, zwischen Ethos und Dogma.
Ethik meint das sittliche und moralische Verhalten eines Menschen. Ethik stellt also die Frage nach dem, was erlaubt und verboten ist.

Dogmatik meint die christliche Lehre, von der ich überzeugt bin und die ich glaube. Dogmatik stellt also die Frage nach dem was geglaubt werden soll, was wahr und falsch ist. Das Wort Dogma meint eigentlich die Lehre. Ich möchte mit diesem Buch ein paar dogmatische Filter beschreiben. Welcher Lehre glauben wir und welcher Lehre vertrauen wir uns an? Wovon sind wir überzeugt, was halten wir für biblische Lehre?

Ungeeignete Filter

Ich möchte zunächst einmal beschreiben, welche Filter ungeeignet sind, um für unser gesundes geistliches Trinkwasser zu sorgen.

Finde ich das in der Bibel

Ungeeignet ist zum einen die platte Frage: finde ich diese Lehre in der Bibel?

Je nachdem, wie ich mit der Bibel umgehe, kann ich so ziemlich jede Lehre daraus ableiten. Vor allem wenn ich nicht das große Ganze sehe, sondern einzelne Verse oder Aussagen herauspicke. Im Vorfeld dieses Buches habe ich eine Internetrecherche gemacht. Und ich bin auf unterschiedliche Internetseiten gestoßen, die alle schon im Titel ihrer Internetseite oder in großen Buchstaben als Überschrift behauptet haben, total bibeltreu zu sein. Nur der biblischen Wahrheit verpflichtet. Die Bibel als einzige und höchste Autorität. Und trotzdem haben sich die Autoren dieser Seiten gegenseitig als gefährliche Irrlehrer bezeichnet. Da verteidigt einer eine ganz wichtige christliche Lehre und warnt vor bestimmten Kreisen und Bewegungen und deren Irrlehren, wohingegen genau diese Kreise unter Berufung auf dieselbe Bibel genau vor den Irrlehren jener ersten Kreise warnen.

Was meint denn biblisch? Ist etwas biblisch, wenn es einen Vers gibt, der genau das sagt, was ich behaupte? Müssen möglichst viele Christen dieser Lehre zustimmen, damit sie biblisch ist? Muss eine

Lehre seit über 500 Jahren bestehen, damit sie wirklich biblisch ist? Wann ist denn etwas biblisch?

Es reicht nicht, einen Vers zu finden, der irgendetwas aussagt. Biblisch ist etwas nur dann, wenn es der gesamten Bibel und ihres gesamten Zeugnisses entspricht. Und ich muss der Entwicklung, die sich innerhalb der Bibel vollzieht, Rechnung tragen! Innerhalb der Bibel entwickeln sich Dinge und korrigiert sich die Bibel selbst.

Das einfachste Beispiel ist die Entwicklung von Gewaltanwendung in der Bibel. In den ersten Büchern der Bibel ist Gewalt ein legitimes Mittel, um nationale oder auch persönliche Interessen durchzusetzen oder mit bösen Menschen umzugehen. Das ändert sich dann in den Propheten und gipfelt in der Aussage Jesu, auf jegliche Gewalt zu verzichten und sogar seine Feinde zu lieben. Und solche Entwicklungen stellen wir bei verschiedenen Themen fest. Und dann ist es eben nicht biblisch, einen Vers oder einen Abschnitt zu zitieren, der am Anfang einer Entwicklung steht und nicht am Ende.

Persönliche Prägungen und Erfolge

Ungeeignet sind auch meine persönlichen Prägungen und Erfolge. Auch für viele Christen gilt: was der Bauer nicht kennt, isst er nicht. Wenn wir protestantisch geprägt sind, werden wir ganz schnell bestimmte katholische Lehren als unbiblisch abtun. Aber nicht aus echter Bibelkenntnis, sondern weil wir einfach anders geprägt sind oder uns bestimmte Glaubensinhalte ungewohnt sind. Und wer Landeskirchlich geprägt ist, findet ganz schnell einige freikirchliche Lehren unbiblisch oder gefährlich. Dann empfindet man freikirchlichen Lobpreis als emotional und manipulativ oder freikirchliche Strukturen als undemokratisch und machtorientiert.

Das alles hat etwas mit unserer Prägung und damit mit unseren Vorlieben zu tun und nicht wirklich mit einem biblischen Filter. Mir ist bewusst, dass unsere persönlichen Erfolge und Misserfolge für unsere eigene Biografie und Glaubensentwicklung sehr wichtig sind, aber sie sind eine sehr zweischneidige Sache, wenn es darum geht, christliche Lehre zu beurteilen. Sehr schnell haben wir den Eindruck, etwas sei unbiblisch, bloß weil wir schlechte Erfahrungen damit gemacht haben. Ich selbst habe einige sehr schlechte Erfahrungen mit amerikanischen Heilungsevangelisten gemacht. Einer davon, den ich persönlich kennenlernte und mit dem ich eine Veranstaltung im privaten Wohnzimmer organisierte, tischte mir einfach Lügen auf. Als ich entsprechende angebliche Heilungsberichte persönlich nachprüfte, war nichts davon geschehen.

Aber ich möchte mich von diesen Erlebnissen nicht davon abhalten lassen, daran festzuhalten, dass Jesus auch heute noch heilt und große Wunder tun kann. Aber genauso schnell kann es passieren, eine zwielichtige Lehre als gesund zu akzeptieren, bloß weil wir eine erfolgreiche oder gute Erfahrung damit gemacht haben. Genau wegen solch positiven Erfahrungen rechtfertigen ganz viele Menschen die verrücktesten Lehren. Sie beten sich frei von der Schuld ihrer Vorfahren, bloss weil irgendjemand danach Befreiung erlebt hat. Oder sie beten grundsätzlich umschlungen mit einer Israelfahne, nur weil sie so einmal eine Gebetserhörung erlebt haben. Oder sie meinen, sie müssten mit Dämonen reden und deren Namen zu erfahren, bloß weil bei solch einem Exorzismus einmal ein Kranker geheilt wurde. Oder sie meinen, sie müssten 100 mal am Tag bekennen, durch Christus reich zu werden, bloß weil ihr Pastor dadurch offensichtlich zum Millionär wurde. Wenn es hilft, sind Menschen versucht, die absurdesten Lehren zu glauben.

Einen Vers in der Bibel zu finden macht eine Lehre noch nicht biblisch und mit etwas Erfolg oder Misserfolg gehabt zu haben oder eine bestimmte Prägung mitbekommen zu haben, ist auch noch kein geeigneter Filter für eine christliche Lehre.

Dogmatischen Filter

Wenn ich von christlicher Lehre spreche, meine ich nicht immer ein ganzes theologisches System. Lehre wird ja auch durch Meinungen verbreitet, die Christen äußern. Und diese Meinungen, Gedanken und Lehren können mich inspirieren, bereichern, ermutigen, wachsen lassen, ins Bild Jesu verändern, liebevoller und heiliger machen.

Aber manche Gedanken, Meinungen und Lehren die ich mir aneigne, können mich auch verwirren, vom Charakter Jesu wegführen, hartherziger machen, radikalisieren, verstocken, den Frieden rauben, mich streitsüchtig machen, meine seelische Gesundheit gefährden, mich isolieren usw. Was sind also hilfreiche Filter die ich anwenden und im Hinterkopf haben sollte, bevor ich mich entschließe mir eine bestimmte christliche Lehre anzueignen, mich intensiver damit zu beschäftigen oder sie in meinen Glauben zu integrieren?

1. Filter: Das Leben Jesu.

Entspricht diese Lehre oder Glaubenspraxis der Lehre und Glaubenspraxis Jesu, wie sie uns in den Evangelien geschildert wird?

Für unsere Beurteilung einer Lehre ist das Leben und die Praxis Jesu von zentraler Bedeutung. In Jesus hat Gott sich geoffenbart, sich der Welt vorgestellt. In Jesus hat Gott deutlich gemacht: so bin ich, das ist mein Charakter, das ist meine Wahrheit! *In Christus wohnt die ganze Fülle Gottes leibhaftig*, heißt es im Kolosserbrief (Kol.2,9).

Der allerwichtigste Vers darüber, wer Jesus ist, findet sich meiner Meinung nach in Hebräer 1,3: *Er (Jesus) ist das vollkommene Abbild von Gottes Herrlichkeit, der unverfälschte Ausdruck seines Wesens. (NGÜ)*

Ich glaube man kann über Jesus nichts Wichtigeres sagen, als dass er der unverfälschte Ausdruck von Gottes Wesen ist. In anderen Worten: Jesus zeigt glasklar wie Gottes Wesen ist. Gott ist immer wie Jesus ist! Gott ist immer so, wie er sich in Jesus offenbart. Gott hat nicht noch ein zweites, verstecktes Wesen! Da gibt es nicht den Gott, der sich in Jesus zeigt und daneben noch einen Gott, der sich in irgendwelchen alttestamentlichen Geschichten zeigt. Jesus ist das vollkommene Abbild Gottes. Gott ist nie anders als er sich in Jesus zeigt!

Das griechische Wort für »Abbild« an dieser Stelle ist das Wort »Charakter«. Jesus ist der Charakter Gottes! In Jesus erschließt sich der Charakter Gottes!

Einmal fragten die Jünger Jesus, er möge ihnen den Vater zeigen. Wie ist der Vater? Lass ihn uns erkennen...

Joh.14,7: 7 Wenn ihr erkannt habt, wer ich bin, werdet ihr auch meinen Vater erkennen. Ja, ihr kennt ihn bereits; ihr habt ihn bereits gesehen.«
8 »Herr«, sagte Philippus, »zeig uns den Vater; das genügt uns.« –
9 »So lange bin ich schon bei euch, und du kennst mich immer noch nicht, Philippus?« entgegnete Jesus. »Wer mich gesehen hat, hat den Vater gesehen. Wie kannst du da sagen: ›Zeig uns den Vater‹? (NGÜ)

Der Vater ist nie anders als Jesus. Wer Jesus gesehen hat, der weiss, wie Gott ist! Gerade darin besteht die Verlässlichkeit und Beständigkeit Gottes, dass Gott schon immer wie Jesus war und für immer wie Jesus sein wird! Gott ist nie anders, als er sich in Christus geoffenbart hat! Das ist der wichtigste theologische Grundsatz, den Christen verstehen müssen. Ich glaube Christus ist wirklich die einzigartige, vollkommene Offenbarung Gottes. Darum ist er die Mitte unseres Glaubens und das Kriterium aller Wahrheit. Nichts bildet Gott so klar ab wie Jesus in den Evangelien.

Ich glaube auch, dass andere Teile der Bibel, besonders im Alten Testament keinesfalls der Abbildung Gottes durch Jesus gleichwertig sind. Ich glaube, dass viele Geschichten im Alten Testament abbilden, wie die Menschen zur damaligen Zeit Gott verstanden haben. Aber alle Vorstellungen Gottes durch die Jahrtausende hinweg gipfeln in Jesus Christus und werden letztlich durch seine Offenbarung ins rechte Licht gestellt.

Viele Menschen und auch Christen haben große Mühe mit einigen Texten im Alten Testament, wenn Gott befiehlt, die Kanaaniter mit

Stumpf und Stiel auszurotten, Männer, Frauen, Kinder, Greise und sogar deren Tiere. Aber für mich ist das eine Geschichte, eine inspirierte Geschichte, die uns etwas zeigt vom Verständnis der damaligen Menschen, die ganz Teil ihrer Welt waren. Sie wussten nicht anders von Gott zu reden als wie man eben vor 3000 Jahren von einem Gott geredet hat. Aber diese Geschichten sind keine Offenbarung des Wesens Gottes. Es sind Geschichten die etwas vom Gottesverständnis der damaligen Menschen offenbaren. Gott offenbart sich in Jesus Christus. Und darum ist es so wichtig, dass wir dieses Leben Jesu kennen. Wir müssen zuhause sein in den Evangelien. Und darum wollte Gott auch, dass es vier verschiedene Evangelien gibt, um vier verschiedene Blickwinkel auf dieses Leben von Jesus werfen zu können und damit ein möglichst umfassendes Bild von Jesus zu bekommen. Es gibt keine 4 Apostelgeschichten, aber 4 Evangelien! Es geht wirklich um das große Bild, das von Jesus gezeichnet wird.

Wir filtern eine Lehre nicht anhand irgendeines Verses, den wir glücklicherweise in den Evangelien finden und damit eine bestimmte Lehre rechtfertigen können. Es geht um die klaren, deutlichen Züge, die das Leben und Tun Jesu hatten.

Ein paar Beispiele:

Jesu zentrales Thema ist die Liebe. An der Liebe, dem Wachsen von Liebe, der Verbreitung der Liebe, muss sich alles messen lassen.

Ein anderes großes Thema von Jesus ist Frieden. In der Versuchung zur Macht, Gewalt, Herrschaft hat sich Jesus immer als Friedensstifter gezeigt und der Versuchung zur schnellen Lösung durch Gewalt widerstanden.

Ein anderer großer Zug ist Jesu Stellung zu den Armen und Schwachen. Er hat sich immer auf die Seite der Bedürftigen, der Schwachen, der Zerbrochenen, der Gebeugten gestellt und war skeptisch gegenüber den Starken, den Überlegenen und den Stolzen.

Wenn wir also eine Lehre prüfen wollen, dann muss sie durch den Filter des Lebens Jesu hindurchlaufen. Fördert diese Lehre ein Leben und ein Christsein, dass diese großen Züge des Lebens Jesu wiederspiegelt? Fördert diese Lehre ein Leben und einen Glauben, der diesem Bild Jesu ähnlicher wird?

2. Filter: die Reich-Gottes-Spannung

Einige Theologen haben vor ein paar Jahrzehnten ein ganz wichtiges theologisches Prinzip formuliert. Es gibt ein spannungsvolles und geheimnisvolles miteinander vom "schon jetzt" und "noch nicht" des Reiches Gottes. Wir erleben in der Bibel, in der Kirchengeschichte und in unserem eigenen Leben dieses „schon jetzt“ und „noch nicht“ der Herrschaft Gottes. Wie erleben Gebetserhörungen, wo Gottes Herrschaft sichtbar ist, Krankheiten geheilt werden, Depressionen verschwinden, Friede hergestellt wird, Lebensumstände verändert werden und der Himmel auf die Erde kommt.

Wir erleben aber auch ausbleibende Gebetserhörungen, das Verbleiben vom Bösen, das nicht geheilt werden, der Zustand von Streit und Uneinigkeit, die gleichbleibenden schwierigen Lebensumstände und einen verschlossenen Himmel. Irdischem Leben mutet Gott dieses geheimnisvolle Miteinander bis zu seiner Wiederkunft zu. Und mit uns sehnt sich die ganze Schöpfung nach der endgültigen Vollendung, nach der Auflösung dieser Spannung.

Paulus schreibt:

Rö.8,21 *Auch sie, die Schöpfung, wird von der Last der Vergänglichkeit befreit werden und an der Freiheit teilhaben, die den Kindern Gottes mit der künftigen Herrlichkeit geschenkt wird. 22 Wir wissen allerdings, dass die gesamte Schöpfung jetzt noch unter ihrem Zustand seufzt, als würde sie in Geburtswehen liegen. 23 Und sogar wir, denen Gott doch bereits seinen Geist gegeben hat, den ersten Teil des künftigen Erbes, sogar wir seufzen innerlich noch, weil die volle Verwirklichung dessen noch aussteht, wozu wir als Gottes Söhne und Töchter bestimmt sind: Wir warten darauf, dass auch unser Körper erlöst wird. (NGÜ)*

Dieses schon jetzt und noch nicht, dieses Jubeln und Seufzen, ist das Erdreich unseres geistlichen Lebens. In dieses Miteinander sind wir eingepflanzt und in diesem Mischboden sollen und können wir gedeihen und wachsen. Eine Lehre ist dann ungesund und sollte ausgefiltert werden, wenn sie dieses spannungsvolle Miteinander auflösen möchte.

z.B ist es nicht gut, wenn sie das „schon jetzt" überbetont und behauptet, alle müssen immer geheilt werden, alle können Wohlstand erleben, jedes Problem kann mit genug Vollmacht bewältigt werden. Es ist die Überbetonung der Machbarkeit, der Verfügbarkeit von Gottes Kraft und Geist, im Grunde genommen geistlicher Stolz und Überheblichkeit.

Oder es ist auf der anderen Seite die Überbetonung des „noch nicht", die behauptet Gottes Kraft steht uns noch nicht zur Verfügung, jeder muss sich seinem Schicksal fügen, man darf nichts Großes erwarten, für Kranke zu beten sei unbiblisch und Geistesgaben gibt es nicht mehr. Es ist die Überbetonung der Ohnmacht, der Hilflosigkeit und der Unverfügbarkeit von Gottes Kraft.

Und weil Menschen einfache Systeme und simple Lösungen mögen, tendieren viele Lehren und Glaubenspraxen zu einer der beiden Seiten dieses geheimnisvollen und spannungsvollen Miteinanders. Wir müssen vorsichtig und behutsam sein. Hier lauert die ungesunde Lehre.

3. Filter: Förderung der Ehrlichkeit

Die Lehre muss Ehrlichkeit und Echtheit fördern und darf diese nicht erschweren. Ehrlichkeit ist ein enorm hohes Gut des christlichen Glaubens. Der christliche Glaube muss Ehrlichkeit und Echtheit fördern und darf Menschen nicht zur Heuchelei oder Unehrlichkeit verführen. Aber genau das ist christlichem Glauben immer wieder passiert. Es wurden Lehren und Glaubenssätze aufgestellt, die für Menschen irgendwie uneinhaltbar waren und zu einer **Doppelmoral** führten. Man hat nach außen hin etwas vorgegeben, was man in Wirklichkeit nicht glauben oder leben konnte. Die Lehre war zu anspruchsvoll, zu perfektionistisch, zu weltfremd, zu abgehoben, zu mystisch, zu elitär, zu radikal... Der Normalo ist da nicht mitgekommen. Der gewöhnliche Christ erreicht diese Sphären des Glaubens nicht. Und damit haben diese besonderen Lehren das Potenzial, Menschen zur Unehrlichkeit und Heuchelei zu verführen.

Dieses Phänomen finden wir ganz besonders bei Sekten, wo der starke Gruppendruck dazu führt, dass Menschen sich einer Lehre anpassen oder zustimmen, die sie vielleicht überhaupt nicht sinnvoll finden, nachvollziehen oder leben können.

Schafft diese Lehre, mit der wir da also konfrontiert sind eine Zweiklassengesellschaft? Die Könner, die Versteher, die Erleuchteten und die offensichtlich Ungeistlichen, Unfähigen, Kleingläubigen? Ist eine Lehre so elitär, dass ein ganzer Teil der Christen heucheln müsste, um vorzugeben, diese Lehre verstehen, glauben oder leben zu können? Besonders bestimmte charismatische Lehren haben so etwas abgehobenes und Elitäres an sich, dass diese Art zu glauben oder zu leben für die meisten Christen unerreichbar bleibt. Und in so manchem Fall stellt sich am Ende heraus, dass selbst der Verkündiger dieser Lehre nicht wirklich in der Lage war, diese zu leben, sondern ein Heuchler war.

4. Filter: Früchte

Das Qualitätsmerkmal einer Lehre oder einer Erfahrung sind die Früchte des Geistes, nicht die Gaben, das Übernatürliche oder Wunder. Jesus sagte in der Bergpredigt folgendes:

Mt.7,15 *"Nehmt euch in Acht vor denen, die in Gottes Namen auftreten und falsche Lehren verbreiten! Sie tarnen sich als sanfte Schafe, aber in Wirklichkeit sind sie reißende Wölfe. 16 Wie man einen Baum an seiner Frucht erkennt, so erkennt man sie an dem, was sie tun. Weintrauben kann man nicht von Dornbüschen und Feigen nicht von Disteln ernten. 17 Ein guter Baum bringt gute Früchte und ein kranker Baum schlechte. (HfA)*

Wir bewerten eine Lehre nicht an dem Aufsehen, das sie erregt, an den Phänomenen, die sie bewirkt, sondern an der Frucht die sie erzeugt. Wunder, übernatürliche Geschehnisse oder Heilungen sollten für uns nicht das wesentliche Kriterium sein, ob eine Lehre gesund ist oder nicht. Die Frage ist vielmehr, welche Frucht, welche charakterliche Veränderung eine Lehre bei den Menschen auslöst. Wird da etwas dem großen Bild Jesu ähnlicher oder werden Eigenschaften verstärkt , die in den Evangelien kritisch gesehen werden (wenn auch in unserer Gesellschaft positiv bewertet)?

Der große Heilungsevangelist oder Prophet wird nicht durch die Wunder legitimiert, die geschehen, sondern allein durch die Frucht der charakterlichen Veränderung, die eine Lehre langfristig bewirkt. Hierzu sagte Jesus:

Mt.7,22 *Am Tag des Gerichts werden viele zu mir sagen: ›Herr, Herr! In deinem Namen haben wir prophetische Weisungen verkündet, in deinem Namen haben wir böse Geister ausgetrieben und viele Wunder getan.‹ 23 Und trotzdem werde ich das Urteil sprechen: ›Ich habe euch nie gekannt. Ihr habt versäumt, nach Gottes Willen zu leben; geht mir aus den Augen!‹« (GNB)*

Frucht ist nicht Erfolg, Mitgliederzahlen oder Einschaltquoten, sondern nachhaltige Veränderung und Gesundung eines Menschen.

5. Filter: Bescheidenheit

Die gesunde Lehre ist bescheiden, demütig und fragend, ohne Absolutheitsanspruch. Eine gesunde Lehre kann man daran prüfen, dass sie bescheiden ist. Eine gesunde Lehre bleibt fragend, bleibt demütig. Wo immer eine Lehre mit einem Absolutheitsanspruch verbunden ist, wird es problematisch. Andere Meinungen haben dort keinen Platz mehr. Die eigene Erkenntnis wird überbetont. Andere werden eingeschüchtert

Paulus sagt in 1.Kor.13, 9 *Denn unsere Erkenntnis ist bruchstückhaft, ebenso wie unser prophetisches Reden. (HfA)*

Wer das ernst nimmt, bleibt bescheiden, demütig und fragend. Eine Lehre, die die letzte Antwort hat, die sich ganz sicher istund die Allgemeingültigkeit beansprucht, ist sehr gefährdet. Ich erlebe immer wieder theologische Konzepte und Lehren, die mit einer gewissen imperialistischen Haltung daherkommen. Da werden alle anderen Lehren und Traditionen überrannt. Bisher Geglaubtes wird zur Seite gedrängt und aus dem Weg geschafft. Sie sind sich ihrer Gültigkeit und Wahrheit ganz besonders sicher. Für viele hat das etwas anziehendes, weil es klar und eindeutig oder verlässlich erscheint. Ich kann euch nur davor warnen. Gesunde Lehre ist bescheiden und weiß, dass es auch immer noch anders sein kann. Menschliches Erkennen und Lehren ist immer bruchstückhaft.

Ich habe jetzt fünf Filter beschrieben, die uns helfen können, gesunde Lehre von ungesunder zu unterscheiden. Bisher waren das theoretische Aussagen. Daher möchte ich zum Schluss das Ganze anhand von ein paar Beispielen verdeutlichen.

Beispiele

Das Wohlstandsevangelium

Nehmen wir zum Beispiel das so genannte **Wohlstandsevangelium**.

Das ist eine Lehre, die behauptet, dass Christen, wenn sie richtig glauben, wenn sie die Schätze des Himmels beanspruchen und die richtigen Bekenntnisse sprechen, in großem Wohlstand und Reichtum leben können. Zu den Vertretern dieser Lehre gehören die reichsten Pastoren der Welt, die über ein Vermögen zwischen 10 und 150 Millionen Dollar verfügen. Sie haben teure Häuser und Wohnungen, Privatjets, schnelle Autos, Fernsehstationen, Hotels und Restaurantketten. Für sie alles kein Problem, denn ihre Lehre besagt ja, dass Reichtum legitim ist und der deutliche Ausdruck von Gunst Gottes und Segen. Und bestimmt findet man in der Bibel auch einzelne Verse, die davon sprechen, dass Reichtum ein Ausdruck des Segens Gottes ist.

Nimmt man aber das große Bild der Bibel und vor allem das Lebenszeugnis von Jesus, der sich immer ganz kritisch gegen Reichtum äußert und gerade einen einfachen Lebensstil und Armut bevorzugt, dann muss dieses Wohlstandsevangelium angesichts des Filters des Lebensstils Jesu aus unserem geistlichen Grundwasser ausgefiltert werden.

Heilungspraktiken

Nehmen wir zum Beispiel einige **Heilungspraktiken** verschiedener christlicher Seelsorger und Pastoren.

Ich habe ein ganzes Buch zuhause von zwei christlichen Autoren, die darin nichts anderes machen, als ganz viele Krankheiten durchzugehen, und jeder Krankheit eine geistliche und seelische Ursache bzw. eine bestimmte vorausgehende Sünde zuzuordnen. So ist die mögliche geistliche Ursache für eine schmerzhafte Regelblutung, Angst, Selbstablehnung, Wut und Hass auf sich selbst, Unzucht, Unreinheit, Abtreibungen usw. Die Liste geht noch lange weiter. Hier werden konkrete Kausalzusammenhänge zwischen Krankheit und Sünde aufgebaut. Und entsprechend muss dann auch die geistliche Behandlung dieser Krankheiten aussehen. Ich lehne so etwas gleich aus zwei Gründen ab:

Zum einen, weil es wiederum dem Leben Jesu widerspricht. Wir finden keinen einzigen Bericht, wo Jesus solche Kausalzusammenhänge aufstellt, sondern gerade dagegen vorgeht, weil so etwas zu seiner Zeit nämlich üblich war und Jesus unbedingt mit diesem Sünde-Krankheit Zusammenhang brechen wollte.

Zum anderen fördert es nicht die Ehrlichkeit, sondern die Heuchelei. Menschen werden dazu verführt, ihre Krankheiten zu verschweigen, weil man sonst sofort unter Verdacht gerät, eine bestimmte Sünde begangen zu haben. Und diese Sünden kann man dann ja wunderbar in ihrem Buch nachschlagen. Solche Lehren werden von unseren theologischen Filtern ausgesiebt.

Dispensationalismus

Es gibt viele Gemeinden und Literatur, die die Lehre des **Dispensationalismus** vertreten. Sie behaupten, dass mit dem Sterben der zwölf Apostel auch alle übernatürlichen Kräfte aufgehört haben. Für sie sind alle Wunder Werke des Teufels oder Betrug und keinesfalls das Wirken Gottes. Sie fügen sich ihrem Schicksal, bitten nicht um die Heilung einer Krankheit, sondern um die Kraft sie zu tragen. Aus Angst vor Emotionen oder vor Dingen, die sie nicht verstehen, wird das Übernatürliche ausgeblendet.

Sie beenden für sich die Spannung zwischen dem „schon jetzt" und dem „noch nicht" des Reiches Gottes. Sie haben Mühe mit dem Hereinbrechen des Himmels und der Kraft Gottes und haben daher eine Lehre entwickelt, in der nicht sein darf, was nicht sein soll. Die Bibel hält dieses Miteinander aufrecht bis zum Schluss. Aus diesem Grund lehnen wir diese Lehre ab, die diese Spannung auflösen möchte und Gottes wunderwirkendes Handeln ablehnt.

Wenn ihr also mit christlicher Lehre konfrontiert seid, wenn ihr eine Predigt hört, wenn ihr auf einem Kurs, Seminar oder Konferenz seid, wenn ihr ein christliches Buch lest, wenn ihr einen christlichen Podcast abonniert habt, wenn ihr über Facebook auf verschiedene geistliche Meinungen oder Behauptungen trefft, dann könnt ihr das Mithilfe dieser Filter prüfen.
Entsprechen diese Gedanken und Lehren dem großen Bild, das von Jesus in den Evangelien gezeichnet wird?

Ist diese Lehre einseitig, indem sie das „schon jetzt“ und das „noch nicht“ des Reiches Gottes überbetont?

Fördern diese Gedanken und Lehren die Ehrlichkeit? Wenn ich ganz ehrlich bin, ist dieses Glaubenskonzept lebbar oder muss ich mich dafür verbiegen und heucheln?

Haben diejenigen, die diese Lehre verbreiten echte Früchte aufzuweisen oder nur Erfolge?

Und sind diese Gedanken und Lehren verbunden mit genügend Bescheidenheit, mit dem Wissen, dass es auch ganz anders sein kann, und dass die eigene Meinung nur Stückwerk ist.

Kontakt:

Martin Benz

Mhb9999@gmx.de

Printed by Books on Demand GmbH, Norderstedt / Germany